让孩子玩吧！
科学就是玩出来的！

玩科学，懂科学

聪明孩子都在玩的科学游戏

大自然与我的生活

张健 ◎ 主编

中国妇女出版社

图书在版编目（CIP）数据

玩科学，懂科学.大自然与我的生活/张健主编；

漫漫画团队绘. -- 北京：中国妇女出版社，2015.8

ISBN 978-7-5127-1116-7

Ⅰ.①玩… Ⅱ.①张… ②漫… Ⅲ.①科学实验—儿

童读物 Ⅳ.①N33-49

中国版本图书馆CIP数据核字（2015）第121535号

玩科学，懂科学——大自然与我的生活

作　　者：张　健　主编　　漫漫画团队　绘
责任编辑：王　琳
封面设计：尚视视觉
版式设计：许　可
责任印制：王卫东
出版发行：中国妇女出版社
地　　址：北京东城区史家胡同甲24号　　邮政编码：100010
电　　话：（010）65133160（发行部）　　65133161（邮购）
网　　址：www.womenbooks.com.cn
经　　销：各地新华书店
印　　刷：三河市宏凯彩印包装有限公司
开　　本：185×215　　1/24
印　　张：4.75
字　　数：85千字
版　　次：2015年8月第1版
印　　次：2015年8月第1次
书　　号：ISBN 978-7-5127-1116-7
定　　价：25.00元

很多伟大的科学家都有很高的天赋，但他们的成就更多来源于他们对科学研究的兴趣，这使他们能够孜孜不倦地深入到科学研究中去。那么，这些兴趣是怎么来的呢？我们先来分享两个小故事。

伟大的科学家爱因斯坦5岁的时候，有一天他生病躺在床上，爸爸给了他一个指南针来解闷。当他看到那个神奇的指针永远都指向南方的时候，产生了莫名的兴奋感和强烈的好奇心。在那一瞬间，他第一次认识到科学所具有的神奇力量。后来，爱因斯坦表示："那只指南针给我留下了深刻的印象，并一直持续了很长时间。我相信，它有一种不为人知的力量。这开启了我对科学的兴趣之门。"

另一位伟大的科学家爱迪生，在他小时候，使他印象最为深刻的一件礼物是妈妈送的一本科学实验书。他在家里把书上的实验通通做了一遍，并享受到了科学带来的乐趣，这种乐趣最终引领他踏上了科学探索之路。

很多人都曾问过我，自然科学的学习究竟应该采用什么样的方式？他们认为数学、物理、化学等学科的学习就是要通过死记公式、套用例题、大量练习的方式，才可以取得优异的成绩。但随着我国素质教育的深入推行，老师和家长更清晰地认识到"体验科学探究活动的过程与方法"才是提高成绩更合理有效的方法。通俗一点儿来讲，就是"学习一百遍不如动手做一遍"！

我国《全民科学素质行动计划纲要（2006—2010—2020年）》中把未成年人列为公民科学素质建设的四个重点人群之首。小学在校学生作为未成年人的主体，其学习科学知识的重点和方法具有独特的规律。美国《科学教育标准（草案）》明确强调：科学探究是学生科学学习中"基本的、起支配作用的原则"，这和《全民科学素质行动计划纲要》中对学校科学教育重在"体验科学探究活动的过程与方法"的表述是完全一致的。

本套丛书正是遵循以上国际通行和流行的科学学习规律，结合中国小学学生的学习内容和学习特点组织编写的，并具备以下特点：

绘本式漫画教学

本书引入漫画阅读的概念，让柯南站长、杰瑞小猫、汤姆大熊、欧斯卡博士这四个漫画人物站上讲台，引导小读者兴趣盎然地完成一个个科学实验。书中生动简洁的文字表述只起到辅助作用，语言风格富有儿童情趣并符合儿童的认知规律。

生活化实证教学

本书采用连续图画，不仅表达完整的实验轮廓，还展示清晰的实验步骤。所设计的实验项目，规避简单常识类实验，重在实验所蕴涵的知识含量，同时注重实验与现实生活的实际结合，加强读者的情景体验感。

悬念式灵感教学

本书避免在实验的初始阶段就把结论告诉学生，而是首先采用提问或悬念式标题，引发读者的探究欲望，并在亲自操作实验步骤的过程中，启发他们对相关知识的联想，激发出灵感。实验的最后，再辅以精确、必要的科学知识概括。

《义务教育小学科学新课程标准（2011版）》要求：科学学习要以探究为核心。探究既是科学学习的目标，又是科学学习的方式。亲身经历以探究为主的学习活动是学生学习科学的主要途径。诺贝尔奖获得者、著名物理学家杨振宁博士也指出："有很强的动手能力和创新精神的才是好学生。"

本书的适时出版，对贯彻《义务教育小学科学新课程标准（2011版）》、切实提升学生的科学素养、牢固培植学生的科学精神，将会产生非常积极的作用。

张健
于北京科技大学大学生素质教育中心

姓名：汤姆大熊
英文名：TOM
性别：男
职位：操作员
性格特点：老实、勤快的优秀男生。

虽然总是被小猫欺负，但遇到危险的实验时他会抢在小猫前面。当然，他最快乐的事情就是看到小猫出丑后的模样。

姓名：欧斯卡
英文名：OSCAR
学历：博士
职位：哇哦哦科学实验站顾问
性格特点：最有智慧、最慈祥的老教授。

他会给大家解释一个个为什么，也会告诉大家操作实验时的注意事项。他是最喜欢孩子的老爷爷，他最享受的状态——被小猫和大熊缠着问为什么。

姓名：杰瑞小猫
英文名：JERRY
性别：女
职位：操作员
性格特点：一个古灵精怪的小女生。

其实，细心和认真才是她最大的特点，所以她是站长最好的助手。

姓名：柯南
英文名：CONAN
职位：哇哦哦科学实验站的最高长官——站长
性格特点：
总有一些稀奇古怪的点子，一个个神奇实验的想法都是从他脑子里创造出来的。
使命：让一个个简单的科学小实验丰富同学们的生活，让科学学习不再枯燥，让每位同学都爱上科学。

目录
CONTENTS

目录
CONTENTS

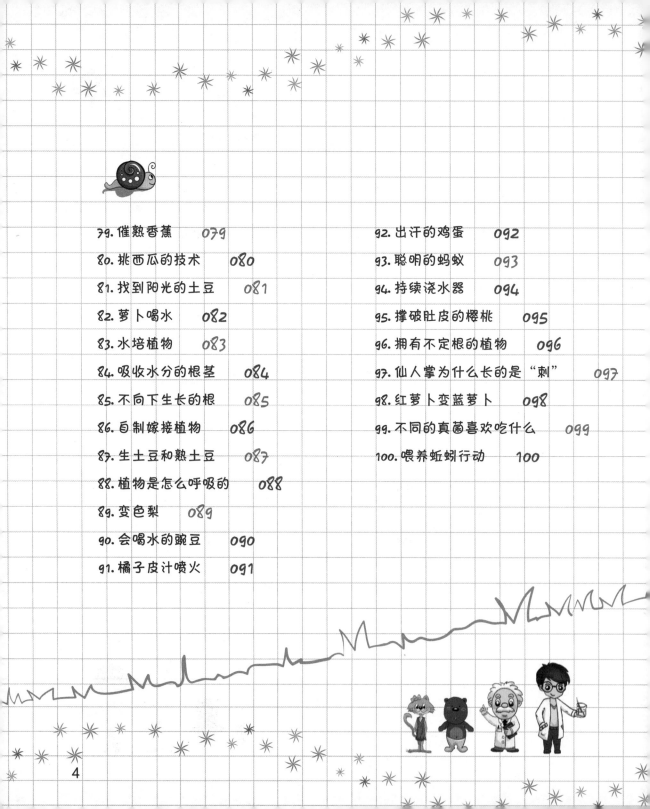

1. 手臂变短啦

柯南站长：我试着做屈臂运动，发生了什么呢?

好啦，现在开始做体操吧!

柯南，你的手臂一样长吗?

当然了!

实验步骤一 将双手向前伸直，你的两条手臂是一样长的。

实验步骤二 保持两只手水平前伸，然后右手臂做30次屈伸运动，速度尽量快一点儿。

啊? 怎么右手臂短了一截?

现在看看你的手臂!

欧斯卡博士：

　　柯南不要害怕，人体的关节部位是有一些空隙的，当你做了激烈运动后，手臂的肌肉和韧带会产生暂时性的收缩，空隙变小，手臂长度就会变短了，不过一会儿就能恢复。

实验步骤三 双臂回到前伸状态，比较一下双臂长度，你会发现右手臂短了一些。

2. 脊椎变长了

柯南站长：我的柔韧性很差，那么通过什么运动可以让我的脊椎变长呢?

柯南，你的柔韧性太差了。

开始进行深呼吸！

呼……呼……呼……

我真的做不到！

实验步骤一 将双脚并拢，膝盖伸直，弯腰并用双手去触碰地面。如果能碰到，再试着用手掌去接触地面。

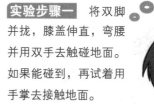

实验步骤二 现在进行深呼吸，一边努力向下弯腰一边大口呼气，多进行几次。

小猫你看，我做到了！

欧斯卡博士：

柯南要加强锻炼了，你能触碰到地面只是暂时性的，因为呼气运动可以放松全身的肌肉和韧带，提高身体的柔韧性，就好像你的脊椎变长了一样。

实验步骤三 随着一次次呼气，手指离地面的距离越来越近，慢慢地能触摸到地面了。

3. 脚怎么抬不起来

小猫，再贴紧一点儿！

柯南站长：抬起一只脚是最简单不过的事情了，为什么小猫做不到呢？

抬起左脚吧。

哎呀，抬不起来啊！

实验步骤一 在一面墙壁前，右腿紧贴着墙壁侧着站好。

还是抬不起来啊！

换个姿势试一试。

实验步骤二 试着抬起左脚，你会发现无论你怎么用力都抬不起来。

实验步骤三 现在面对墙壁，将脚尖紧紧贴住墙壁站好。试着抬起脚跟，你会发现怎么都做不到。

欧斯卡博士：

这个实验用到了重心原理。当你要抬起左脚时，必须将身体重心右移，但右侧身体被墙壁挡住了，重心就无法移动，所以左脚也就抬不起来了。同理，抬起脚跟需要将重心前移，但前方被挡住了，重心无法移动，脚跟也就抬不起来了。

4. 撞不倒的大熊

柯南站长：小猫猛地冲过来撞大熊，大熊却纹丝不动，怎么回事呢？

大熊，小心哦！

小猫，你来吧！

实验步骤二 让你的小伙伴助跑一段，然后冲过来。

实验步骤一 将两腿分开，略微下蹲，脚掌用力踩稳地面，就像扎马步一样。

哈哈哈，小猫你跑得太慢了。

欧斯卡博士：

同学们看过摔跤比赛吗？运动员大多都会采用这个站姿。人在蹲稳后，重心会下降，两脚和地面的作用力会加强，摩擦力也就会增大，所以能够更多地承受来自水平方向的推力。

实验步骤三 当你的小伙伴撞到你的时候，你的身体会受到冲击，但还是能稳稳地站住。

5. 透过手掌看到的景象

柯南站长：大熊的手掌上突然出现了一个洞，怎么回事呢？

我看到楼房了！

实验步骤一　将一张纸卷起来当作望远镜筒，闭上左眼，用右眼看远处的风景。

要与纸筒齐平哦！

实验步骤二　将左手放在左眼的前方，手心与左边的纸筒齐平，并尽量贴近纸筒。

我的手掌上有个洞！

欧斯卡博士：

　　这个实验的原理是同步对焦。当人用一只眼睛看东西的时候，闭上的那只眼睛也会自动地根据另外一只眼睛所看到的物体调整焦距。实验中，当左眼睁开时，焦距正好适合，所以能看到右眼中看到的景象，与此同时左手掌就变得模糊了，大脑会优先显示右眼的图像，这时左手上就好像出现了一个模模糊糊的洞。

实验步骤三　睁开你的左眼，你会发现景象是通过左手手掌的一个洞中看到的。

6. 套不上的笔帽

柯南站长：只睁开一只眼睛，然后试着套笔帽。这样简单的事情，你都做不到，是为什么呢？

这肯定很简单！

实验步骤一 将双臂伸直，一手拿着钢笔，一手拿着笔帽。

怎么回事啊？

实验步骤二 闭上一只眼睛去套笔帽，你会发现不管怎么小心，都不能使钢笔和笔帽保持水平，自然也套不上笔帽。

刚才怎么做不到？

欧斯卡博士：

人要通过左右眼的视差来测定自己与物体之间的距离，因此一只眼睛是无法准确判断物体的位置的，闭上一只眼睛自然就无法套上笔帽了。

实验步骤三 睁开双眼，再试一次，很轻松就做到了。

7. 搞混了的手指头

柯南站长：大熊和小猫在做抬手指游戏，发生了什么呢？

这很简单啊！

实验步骤一 如图所示将双手反转后手指交叉相扣。

大熊你指吧！

实验步骤二 将双手向内侧转一圈，然后聚到胸前。

欧斯卡博士：

经过前两个步骤，小猫已经混淆了对左右的判断，因为这时手指的排列方向与平时是相反的，要在一瞬间作出判断，就很容易发生错误。

将这根手指抬起来。

哎呀，抬错了！

实验步骤三 让你的小伙伴随便指一根手指，你要迅速把这根手指抬起，但你肯定会搞错。

8. 调换双手就犯错

柯南站长：左右手同时做不同的动作，你可以办到，但突然调换过来呢？

熟悉一下就能做到了！

现在动作互换，快点儿！

实验步骤一 让你的小伙伴坐在桌前，右手握拳敲击桌面，左手手掌摩擦桌面。

实验步骤二 然后你突然发布左右手动作互换的命令，你的小伙伴肯定会停下来想一想。

哈哈，大熊你做错了！

等一等，再来一次。

欧斯卡博士：

人的左右手习惯做相同的动作。当你费劲儿地做好了一组不同的动作时，突然变换左右手，大脑的第一反应还是做相同的动作，就算思考一下也是如此。但只要练习几次，还是可以做到左右手互换的。

实验步骤三 就算是经过了思考，做出的动作肯定还是双手同时敲击桌面或同时摩擦桌面。

9. 一根手指的强大力量

柯南站长：小猫只用一根手指就让大熊无法站起来，怎么回事呢？

小猫，我坐好了！

实验步骤一 让你的小伙伴坐在一张椅子上，上身要保持直立。

大熊你可以站起来了！

实验步骤二 然后你用食指顶住他的额头。

哈哈，大熊你用力啊！

欧斯卡博士：

人要从椅子上站起来，首先要上半身前倾，将身体重心转移到前面，然后才能双脚用力站起来。但头部被顶住后，身体重心无法移动，所以就站不起来了。

实验步骤三 让你的小伙伴试着站起来，但他怎么用力都站不来。

10. 奇妙的8字形

柯南站长：将一张纸条扭一扭，一分为二后就可以做成两环相扣的锁链了。

能够扭成8字形！

实验步骤一 将一张纸剪成长条状，拧一下，用胶带将接口处粘住，形成如图所示的8字形。

从中间剪开！

实验步骤二 沿着圆圈从纸条中间剪开，原本8字形的圆圈变成了两个小圆圈。

大熊，这是个魔术哦！

欧斯卡博士：

这个实验运用了立体几何学中的原理。8字形的圆圈是很奇特的立体结构，没有正反面，从起点剪开到起点结束，就会变成锁链了。

实验步骤三 再将两个小圆圈剪开，就变成了四个圆圈相连的锁链了。

11. 瞬间缩小的瞳孔

柯南站长： 瞳孔为什么会突然缩小？对着镜子看自己瞳孔的变化，你会不会感到奇怪呢？

实验步骤一 手拿着一面镜子，注视着自己的瞳孔。

实验步骤二 让你的小伙伴打开手电筒从侧面照射你的眼睛，注意不要太近，你会从镜子里看到自己的瞳孔迅速缩小了。

实验步骤三 移开手电筒，将屋子里的窗帘拉上，你会发现瞳孔变大了。

欧斯卡博士：

人的眼睛是对明暗十分敏感的器官，瞳孔在光线较暗的时候会自动变大，以便尽可能多地吸收光线；在光线较强的时候瞳孔会自然缩小，这样就可以减少光线的吸收，便于看清物体，同时还能保护眼睛不受伤害。

12. 瞬间换位魔术

柯南站长：一瞬间不同颜色的绳子就会互换位置，让小猫来给大家表演这个魔术吧。

大熊，看好了是两根普通的绳子啊。

大熊，注意看哦！

实验步骤二 如图中所示，用左手将两条绳子提起来，用右手的手指捏住白色绳子的标记处，用力向下快速拉动。

实验步骤一 将一根红色的绳子和一根白色的绳子结成圆圈，将白色绳子套入到红色绳子中。

大熊，神奇吧？

不可能啊？！

欧斯卡博士：

人的眼睛无法看到物体快速移动的全部过程，只要将动作放慢，你就会发现其中的奥秘了。

实验步骤三 瞬间，两条绳子就交换了位置。

13. 制作漂亮的晶体

柯南站长：食盐都是粉末状的，怎么把它们做成漂亮的晶体呢？

如果有颗粒析出的话就是饱和了。

欧斯卡博士：

由于食盐颗粒无法和水一起蒸发，所以就形成了晶体。食盐晶体是由氯原子和钠原子排列而成的一种面心立方晶格构造，这种晶体结构有着完美的直角。

实验步骤一 在一个玻璃杯内倒入少量水，慢慢地向水中加入食盐，直到食盐无法继续溶解，这样就做成了饱和食盐水。

这些晶体真漂亮啊！

实验步骤三 一个星期后，盘子里的水已经蒸发了，你会看到一些呈立方体形状的食盐晶体，虽然没有经过切割，但它们有着天然形成的直角。

要等一个星期啊！

实验步骤二 将饱和食盐水倒入一个浅底的盘子里，放置一个星期左右。

14. 制作可以轻松打开的结

柯南站长：绳子打结后，怎么才能快速地解开呢？小猫来演示一下吧。

多练习几次就熟练了。

看准标记处哦！

实验步骤一 按照图中方式将一根较粗的绳子打个结。

实验步骤二 左右手握住绳子的标记处，用力拉扯，使两个标记处之间的那段绳子成为一条直线。

真的很轻松啊！

欧斯卡博士：

如果不用这种方式打开这个结，则很难将结解开。同学们在生活中可以用这种方式系绳结和解绳结。

实验步骤三 顺着这条直线将绳子的一头抽出来，就可以把绳子拉出来，结就打开了。

15. 不起水雾的镜子

柯南站长：在浴室洗澡的时候，镜子上经常有水雾，很模糊，怎么才能让镜子不怕水雾呢？

> 这面镜子看不清楚了。

> 这下清晰多了！

实验步骤二 用肥皂擦一擦镜子，然后用湿毛巾擦一擦，镜子立刻就清晰多了。

实验步骤一 用装满热水的脸盆熏一下镜子，镜子马上布满了水雾，用手擦一下，手擦过的地方清楚了，不过马上又布满了水雾。

欧斯卡博士：

镜面有污垢时，水蒸气中的小水滴会附着在污垢上，所以镜子就会形成水雾。用肥皂除去污垢后，镜面上残留的肥皂里有一种表面活性剂，该物质含一头亲水一头疏水的分子，亲水的一头亲近镜面，疏水的一头则将水推离镜面，这样镜面不仅不会起水雾，还会形成一些小水珠。

> 镜子不怕水蒸气了！

实验步骤三 再用水蒸气熏这面镜子，镜子就不会起水雾了，只有一些水珠从镜子上滑下来。

16. 有魔力的百元钞票

柯南站长：一张崭新的百元钞票，就在大熊的两指之间，为什么大熊就是夹不住呢?

只要夹住了就给你了！

大熊要时刻准备哦。

实验步骤二 你可以大方地对他说"这张钞票你夹住了就给你"，然后放开手让钞票落下。

实验步骤一 把一张崭新的百元钞票放在小伙伴张开的食指和中指之间。

欧斯卡博士：

不是因为大熊的手指不够灵活，而是反应时间短造成的。要想夹住钞票，需要眼睛看到对方放手，钞票落下，大脑作出判断，然后下达指令让手指夹住，这段反应时间大约需要0.2秒左右，而钞票在0.2秒内至少已经落下了20厘米，所以一般来说任何人都夹不住它。

真的夹不住啊！

实验步骤三 你的小伙伴肯定无法夹住钞票，再试多少次都不会成功。

17. 没有字迹的"密信"

柯南站长： 一张白纸用火烤一烤就出现了字迹，这像不像谍战电影里的情节呢？

跟小猫开个玩笑。

小猫，给你一封信。

什么都没有啊？

实验步骤一 将白醋倒入一个小碟子里，用一支细毛笔蘸上白醋在一张白纸上写下几个字，然后在阴凉处晾干，白纸上就没有字迹了。

实验步骤二 给你的朋友看一看这封信，他肯定一头雾水。

怎么会没有，你看！

欧斯卡博士：

　　白醋在风干后不显现颜色。被加热后，白醋中的酸性物质就会使纸的纤维迅速碳化，从而变成黄褐色，字迹就出现了。

小猫杰瑞

实验步骤三 将这张白纸在蜡烛上烤一烤，字迹马上就出现了。

18. 泡泡立方体

柯南站长：做一个立方体结构的肥皂泡，在阳光的照射下一定会十分好看。

也可以让爸爸帮忙。

好多泡泡啊！

实验步骤一 用铁丝做一个如图所示的立方体，留出一段铁丝，作为把手以方便使用。

五颜六色的泡泡魔方！

实验步骤二 用肥皂调制一些肥皂水。

欧斯卡博士：

　　当肥皂泡附着在铁丝表面时，为了尽量减少能量消耗，薄膜的面积会尽量缩小，所以扭动立方体的话，就可以制造出不一样的肥皂泡平面。这个实验应用了一般情况下能量最小的时候状态最稳定的科学原理。

实验步骤三 将铁丝立方体放入肥皂水中，慢慢拿起来，铁丝上就会附着上肥皂泡，轻轻转动铁丝立方体，就会形成不同的肥皂泡平面。

19. 玻璃球穿越魔术

柯南站长：瓶口明明被硬币盖住了，但玻璃球竟然可以穿过硬币，怎么做到的呢？

用1元硬币就正好。

大熊，给你变个魔术！

实验步骤一 准备好玻璃瓶和玻璃球，在瓶口放一枚硬币，硬币的直径要大于瓶口内径且小于瓶口外径。

实验步骤二 将一张A4纸卷成比瓶口略大的直筒状，再用胶带固定好，然后套在瓶口上，从纸筒顶端将玻璃球放入。

哇哦哦，能穿越的玻璃球！

欧斯卡博士：

玻璃球在和硬币相撞时，它们都会弹起来，这时硬币与瓶口之间就会出现缝隙，玻璃球便穿过缝隙掉进瓶子里，而硬币依然落在瓶口上。

实验步骤三 虽然瓶口盖着硬币，但玻璃球却直接落入了瓶内。

20. 制作回旋镖

柯南站长：扔出去的回旋镖，还会回到你的手中，是运用了什么科学原理呢？

牛奶盒的纸比较硬。

回旋镖做好了！

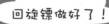

实验步骤一 找一个大的牛奶盒，裁下4张长20厘米、宽3厘米的纸板，然后两两重叠粘好。

实验步骤二 把粘好的纸板交叉成十字形，正反面用胶带固定好，然后稍稍将纸板条分别沿中轴线向内窝一下，让中央部分微微凸起即可。

真的可以回来啊！

欧斯卡博士：

这是一个很好玩的自制玩具。由于扔出去的回旋镖凸面与其他地方的气压不同，气压差就会牵引着回旋镖做圆周运动，所以只要投掷时让回旋镖的凸面与自己的脸平行，回旋镖就一定会回到原来自己所在的位置。

实验步骤三 拿起回旋镖，使其凸面与自己的脸侧面平行，板面垂直于地面，然后将它投掷出去。回旋镖会在空中画一个漂亮的弧线，然后回到你的手中。

21. 动不了的手指

柯南站长：只要中指不动，无名指就无法动弹，这是怎么回事呢？

柯南，手指夹紧了。

欧斯卡博士：

人体中的韧带是连接和控制骨骼运动的组织，无名指和中指之间的韧带大部分都连在一起，所以当中指被固定后，无名指无法动弹，硬币也就无法掉落了。

实验步骤一　让你的小伙伴双手合十，手指张开，在他中指以外的其他4对手指之间各夹一枚1角硬币，夹紧手指不要让硬币掉下去。

怎么样，无名指不听话吧？

柯南做得很好！

实验步骤二　现在，让你的小伙伴向内侧弯曲两手的中指，使两根中指的第二个关节并拢。

实验步骤三　让你的小伙伴依次放开夹在大拇指、小指、食指和无名指之间的硬币。前三个会很容易，但你的小伙伴无论如何都无法让无名指之间的硬币掉落。

22. 冷热不分

柯南站长：当两只手同时伸进同一盆水里时，竟然会感受到不同的温度，这是怎么回事呢？

水中放入冰块水就凉了。

实验步骤一 准备三个盆，分别放入冷水、热水（高于体温即可）以及温度和室温相同的水。

大熊，你来试试吧！

实验步骤二 将左手放入冷水中，将右手放入热水中，浸泡1分钟左右。

到底是冷还是热呢？

欧斯卡博士：

两手感觉温度不一样，是因为左手放进冷水中已适应了冷水的温度，而右手同样也适应了热水的温度，这时再放在温水中，由于左手的温度快速提高，而右手的温度相对下降，所以就会感到一手热，一手冷。

实验步骤三 然后将双手同时放入温水中，你两只手感到的温度会不一样。

23. "可乐"变"雪碧"魔术

柯南站长：该让小猫给大熊变个魔术了，看小猫怎样把"可乐"变成"雪碧"吧。

大熊，给你变个魔术。

看好啊，这是一瓶可乐哦。

实验步骤一　在一个小可乐瓶里倒入半瓶水，然后滴几滴碘酒，这时溶液的颜色就像可乐一样。将一块大苏打用糯米纸包住，嵌在瓶盖里，小心地将瓶盖拧住。

哇哦哦，变成雪碧了！

实验步骤二　在你的朋友面前让他确认这是可乐后，将瓶子倒转摇动，使液体与瓶盖内的大苏打充分接触。

欧斯卡博士：

大苏打的主要成分是硫代硫酸钠，它与碘溶液混合后会发生化学反应，从而使溶液的颜色褪去。

实验步骤三　摇动后放下瓶子，你会发现瓶子里的液体变成雪碧的颜色了。

24. 怎么不会唱歌了

柯南站长：当你在做俯卧撑的时候，就不会唱歌了，这是为什么呢？

大熊，能给我们唱首歌吗？

大熊，你会做俯卧撑吗？

啦啦啦啦啦……

当然了！

实验步骤二 然后让你的小伙伴做几个俯卧撑。

实验步骤一 先让你的小伙伴唱首歌。

再给我们唱首歌吧！

嗯嗯嗯嗯嗯……

欧斯卡博士：

　　在做俯卧撑的时候，胸部和腹部的肌肉被拉紧，这时就会增大腹压，同时呼吸道中的会厌软骨关闭，气流无法在呼吸道中流动，所以也就唱不出歌了。

实验步骤三 在他做俯卧撑的时候，你可以让他唱首歌，他肯定无法做到。

25. 堵住耳朵听得清楚了

柯南站长：将耳朵用棉花球堵住后，反而听得更清楚了，怎么回事呢？

手要洗干净了。

实验步骤一 将手洗干净，然后在一个相对安静的环境里用手指甲轻轻敲击桌面，记住声音的响度。

大熊，耳朵听不见了吧！

实验步骤二 用两个棉球将耳朵塞住，让小伙伴说话，你基本听不见说话的声音。

的确比刚才的声音大！

欧斯卡博士：

　　平时我们耳朵听到的外界声音，是由空气振动传递到耳朵里的鼓膜，再通过耳蜗传到听觉神经，最后被大脑感知的。而手指甲敲击牙齿产生的振动是由牙齿经颌骨直接传递给听觉神经，并让大脑感知的，固体传递声音的效果要好于气体，所以声音要清楚得多。

实验步骤三 这时再用手指甲轻轻敲击自己的牙齿，力度保持和刚才敲桌子一样，你会发现这时听到的声音要比刚才大得多。

26. 感觉不到疼了

柯南站长：在寒冷的冬天，手裸露在外面时间长了，就会失去感觉，这是为什么呢？

真凉啊！

实验步骤一 用拇指和食指捏住一块冰，保持1分钟左右。

欧斯卡博士：

由于冰块冷使拇指和食指的神经末梢敏感度降低，所以用牙签扎也感不到疼。生活中常用冷敷的方式改善不适感就是利用的这个原理。

大熊，有感觉吗？

好奇怪，没有啊！

这个手指疼啊！

现在呢？

实验步骤二 然后用一支牙签轻轻扎一下拇指，大拇指没有被扎疼了的感觉。

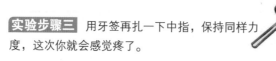

实验步骤三 用牙签再扎一下中指，保持同样力度，这次你就会感觉疼了。

27. 眼睛的盲点

柯南站长：每个人的眼睛里都有一个盲点，让我们来了解一下吧。

实验步骤一 在一张硬纸板的中央画一个大小为6毫米的"十"，在右侧相距10厘米处画一个直径为6毫米的"O"。

10厘米

实验步骤二 手拿着硬纸板放在右眼正前方距离15厘米左右的位置，用右眼注视"十"，并闭上左眼。

两个都能看得到！

看不到圆圈了！

欧斯卡博士：

眼球的内侧后方有视网膜，在视网膜上面有感光细胞，所以外界的光线落在视网膜上才能成像。当看不到圆圈时，说明圆圈在视网膜上的成像刚好落在盲点上。这个部位是视神经穿过视网膜的地方，没有感光细胞，在生理学上被称作盲点。

实验步骤三 把硬纸板缓缓地移向自己，会有一个距离是你看不到"O"的。

28. 不怕挠痒了

柯南站长：别人挠你胳肢窝时，你会感觉十分痒，但自己挠自己的时候，却没有感觉，这是怎么回事呢？

欧斯卡博士：

　　被挠胳肢窝是否会发笑取决于你当时是否紧张。当别人挠你的时候，你会感到不自在和紧张，而自己挠的时候，因为有心理准备且没有不自在的感觉，所以就不觉得痒了。当你完全放松，感觉无所谓的时候，即使别人挠你，你也不觉得痒了。

哈哈哈，小猫快停手！

实验步骤一 当你的小伙伴挠你胳肢窝的时候，你会感觉很痒，禁不住哈哈大笑。

大熊，你怎么不怕了？

自己挠自己？

实验步骤二 现在自己挠自己的胳肢窝，你会十分淡定，没有感觉。

实验步骤三 接下来，让自己全身放松，深呼吸后保持平静，然后让你的小伙伴挠你的胳肢窝，你不会再感觉到痒了。

29. 不受控制的小腿

柯南站长：当你跷着二郎腿的时候，小腿会突然跳起不受控制，这是怎么回事呢？

柯南好悠闲啊。

柯南别踢我哦！

实验步骤一 让你的小伙伴坐在椅子上，跷起二郎腿，就是一条腿搭在另一条腿上。

实验步骤二 用一把橡胶锤轻轻敲击上面那条腿膝盖下方的韧带。

怎么回事啊？

实验步骤三 多找几个地方敲击，总有一个地方在敲击后，对方的小腿会突然弹起来。

欧斯卡博士：

这是一种很正常的生理反应，当敲击膝盖下方的韧带时，大腿肌的肌腱受到刺激而产生神经冲动，经过神经中枢反应后，大腿的肌肉收缩，小腿自然地弹出，这就是膝跳反射。

30. 转圈后就走不直

柯南站长：生活中我们经常有这样的感觉，原地转几圈后就无法走直线了，这是为什么呢？

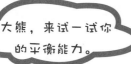

大熊，来试一试你的平衡能力。

实验步骤一 在一个空旷的地方，将一根木杆插在地面上。

这么简单啊！

实验步骤二 用布条将眼睛蒙住，用手扶着木杆，原地转三圈。

大熊你走歪了！

欧斯卡博士：

你走不直是因为受到了你的内耳平衡器官的影响。当人在转圈时，内耳中的一种液体开始流动，使得耳内绒毛倒伏，并把这个过程报告给大脑，大脑平衡能力就会减弱。即便你马上停止了，但耳内液体仍在流动，所以你走不出直线。

实验步骤三 然后让自己朝着一个方向走，你会发现你根本走不出笔直的路线。

31. 一心不可二用

柯南站长：学习的时候千万要认真，一心不能二用，这个实验就是告诉你这个道理。

同学们，学习时不要这样哦。

实验步骤一 正常坐在书桌前，让自己的脚在桌下画圆圈。

怎么写不出？

实验步骤二 同时手握一支笔写下几个字，你会发现写字的难度增大了。

好难看的字啊！

欧斯卡博士：

人的身体总是倾向于做同一件事情，当脚在画圆圈时，手上的动作也倾向于画圆圈，所以写字难度会增加，写出来的字也会很难看。同学们要记住这一点，在生活学习中，做事情要一心一意哦！

实验步骤三 即便做到了，写出的字也是歪歪扭扭的。

32. 失灵的味觉

柯南站长：平常闭着眼睛都能吃出来的味道，现在怎么尝不出来了呢？

大熊，来品尝好吃的。

实验步骤一 用水果刀将苹果、梨、洋葱切成同样大小的小片。

大熊，猜猜是什么？

实验步骤二 用布条蒙住小伙伴的眼睛，捏住鼻子，将切好的食物放到他舌头的中心位置。

欧斯卡博士：

在这个实验中，大熊的视觉和嗅觉都被抑制住了，只有味觉是正常的，但人的味觉感受器——味蕾多分布在舌尖和舌头的侧面上，舌头中心的地方分布得较少，所以大熊对食物的味道就不敏感了，仿佛味觉失灵了一样。

真的不知道啊！

实验步骤三 不咀嚼食物，你的小伙伴肯定无法猜出是什么。

33. 不受控制的手

大熊，来试试这个实验。

柯南站长：想让你的手完全静止不动吗？你一定无法做到。

实验步骤一 将细铁丝弯曲成V字形，然后倒挂在一个水果刀的刀背上。

大熊，你不要抖啊！

实验步骤二 把水果刀悬空，努力让细铁丝的双脚接触到桌面并保持不动。

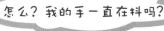

欧斯卡博士：

　　手部的肌肉常处于收缩和放松的交替变化中，这种变化会使手产生轻微的颤动。你越想使劲儿控制这种颤动，手部肌肉就越紧张，手就颤动得越厉害，所以使得铁丝也在不停地抖动。

怎么？我的手一直在抖吗？

实验步骤三 无论你多么努力，你的手都一直在抖，无法让细铁丝的双脚平稳地落在桌面上。

34. 猜字游戏

柯南站长：人的手指指端十分敏感，只要认真地去触摸，就能猜出是什么字。

大熊，你来摸一摸！

大熊，做个游戏吧。

实验步骤一 找一张硬纸板，在上面写下一个字，尽量大一点儿。

实验步骤二 把硬纸板翻过来，用针顺着字的笔画扎出一些小洞。

小猫，你写的是你的名字吧？

实验步骤三 请你的朋友闭上眼睛去摸这些小洞，你的朋友会猜出这个字的。

欧斯卡博士：

手指指端分布着很多神经感受器，所以指尖能够灵敏地感觉到凹凸变化。手指尖触摸到笔画，就让大脑判断出是什么字，盲文就是应用的这个原理。

35. 自制天气预报工具

柯南站长：预测天气变化，只要一个工具，你也可以做到。

不需要用太多水。

这个我最擅长了！

实验步骤一
在一个玻璃杯中倒入一些水，然后加入食盐，制作浓度高一些的食盐水。

实验步骤二 找一张粉红色的纸，折叠成一朵纸花，然后将食盐水均匀地涂抹在每个花瓣上，再用胶带将纸花固定在一根吸管上。

真的有变化啊！

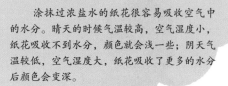

欧斯卡博士：

涂抹过浓盐水的纸花很容易吸收空气中的水分。晴天的时候气温较高，空气湿度小，纸花吸收不到水分，颜色就会浅一些；阴天气温较低，空气湿度大，纸花吸收了更多的水分后颜色会变深。

实验步骤三 将纸花插在阳台的花盆里。晴天的时候，纸花的颜色会提前变浅，阴雨天的时候，纸花的颜色会提前变深。

36. 妙招除水垢

柯南站长：热水瓶里的水垢对人的身体不好，有什么简单的办法除掉水垢吗？

好多水垢啊！

实验步骤一 在一个有水垢的热水瓶里加入一些醋，再倒入一些热水。

小心不要摔了啊！

实验步骤二 盖上瓶塞，将热水瓶上下左右摇晃一下，然后放置半小时左右。

水垢真的不见了！

欧斯卡博士：

醋中含有醋酸，水垢的主要成分为碳酸钙和氢氧化镁，醋酸会与碳酸钙、氢氧化镁发生化学反应，生成可溶于水的醋酸镁和醋酸钙，从而除掉水垢。

实验步骤三 半小时后，拿掉瓶塞，倒掉热水瓶里的水，用清水冲洗一下，你会发现水垢竟然不见了。

37. 苦涩的橙汁

 柯南站长：酸酸甜甜的橙汁怎么就变得又苦又涩了呢？快来看看吧。

大熊，尝尝这杯橙汁。

真好喝！

别喝完，先去刷个牙！

实验步骤一 喝一口橙汁，它还是你熟悉的酸酸甜甜的味道。

实验步骤二 用牙膏刷牙，一分钟以后用水漱口。

大熊，再尝尝味道吧！

怎么变味儿了？

欧斯卡博士：

　　牙膏里含有一种化学物质，它可以改变橙汁中柠檬酸的味道，让人感觉苦涩。刷完牙后，嘴里还有少许残留的牙膏，所以再喝橙汁的时候，味道就变了。

实验步骤三 马上再喝刚才那杯橙汁，会感觉橙汁的味道变了，又苦又涩。

38.模拟 "日食" 现象

柯南站长: "日食"是一种天文现象,你知道其中的原理吗?

折叠后用剪刀剪个半圆。

实验步骤一 在一个厚纸板的中央位置挖一个乒乓球大小的洞。

有圆形的光线出来!

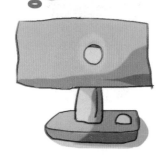

实验步骤二 打开台灯,关掉室内其他光源,用厚纸板盖在台灯上,使灯光可以透过圆洞。

欧斯卡博士:

在这个小实验中,灯泡相当于太阳,乒乓球相当于月亮,观察者相当于地球,当太阳、月亮与地球运动到一条直线上的时候,就会出现日食现象。

大熊,看到日食现象了吧!

实验步骤三 拿一个乒乓球缓慢地从圆洞前滑过,挡住从圆洞射出的光线,就好像发生了日食一样。

39. 模拟月亮的圆缺

柯南站长：月亮有时圆有时缺这是为什么呢？

好黑啊！

就像大的棒棒糖！

实验步骤一 找一个橡胶球，用铅笔的笔尖插入橡胶球里。

实验步骤二 打开台灯，关掉屋内的其他光源，在距离台灯约半米远的地方将橡胶球举到面前。

月亮在绕着地球转。

欧斯卡博士：

在这个实验中，橡胶球代表月亮，台灯代表太阳，自己的头代表地球。橡胶球上的阴影从无到有、从少到多，再从多到少、从有到无，模拟了月亮围绕地球运动，反射太阳光的部分有时增加、有时减少，所以从地球上看月亮，月亮会呈现出不同的形状。

实验步骤三 缓慢地移动橡胶球，绕着自己的头转一周，你会发现随着橡胶球的移动，橡胶球的阴影也在不断变化。

40. 模拟彗星的尾巴

柯南站长：彗星出现时总是拖着一条长长的尾巴，这条尾巴是怎么出现的呢？

> 毛线就是尾巴。

> 乒乓球就是彗星。

实验步骤一 将一个废旧的乒乓球挖一个小洞，插入一根筷子作为把手。

实验步骤二 将几根毛线用胶带粘在乒乓球上。

欧斯卡博士：

实验很简单，主要是为了说明彗星尾巴的形成原因。彗星在绕太阳运行的时候，由于受到太阳发出的强烈的太阳风的作用，彗星的尘雾云会被吹起来，向背离太阳的方向伸展，这就是人们所看到的"尾巴"了。

> 彗星的形状。

实验步骤三 将乒乓球举到电风扇前，打开电风扇开关，毛线就会飘起来。

41. 模拟天空下雨

柯南站长：阴天下雨是常见的天气现象，你知道下雨的原因和过程吗？

用干布将盘子先擦干。

实验步骤一

将一个空盘子放入冰箱冷藏室。

小心手不要被水蒸气烫到。

马上要下雨了。

实验步骤三　不一会儿，盘子底部就凝结了很多小水滴，水滴越来越多，就会聚在一起滴落下来。

实验步骤二　大约1小时后，烧一壶水，当水沸腾后，将盘子从冰箱里取出来，用夹子夹住放到水壶的上方。

欧斯卡博士：

在大自然中，当含有很多水蒸气的热空气上升到一定高度的时候，就会在空气中渐渐冷却。冷却之后的水蒸气凝结成无数的小水珠，这就是我们平时看到的云。如果遇到更冷的环境和更多的水蒸气，小水珠就会变大变沉，受重力作用水珠下落形成了雨。

42. 模拟涨潮落潮

柯南站长：去海边玩，你一定见过潮涨潮落，这种潮汐现象的原理是什么呢？

水不要加得太多。

实验步骤一 在一个大盆里加入10厘米高的水，将一个小碗放在水上，在小碗里加入1厘米高的水。

水溅出来了。

实验步骤二 用勺子慢慢搅动小碗，尽量保持小碗在大盆中央。慢慢加快搅动速度，小碗的旋转速度也快了起来，小碗内的水会沿着碗边上升，甚至会被甩到碗外。

水又回去了。

欧斯卡博士：

小碗里的水之所以出现这种现象是因为离心力在起作用，就像地球自转产生的离心力一样，使地球表面的海水出现起伏。加上太阳、月亮与地球之间的吸引力，在离心力和天体吸引力的共同作用下，海水会有一个周期性的起伏运动，这就构成了潮汐现象。

实验步骤三 停止搅动，小碗慢慢停止旋转，小碗内的水就会慢慢平息。

43. 模拟昼夜交替

柚子就是地球。

实验步骤一 用一根细长的木棍从一个柚子的中心穿过，作为柚子的轴。

手电筒就是太阳。

实验步骤二 打开手电筒，将房间内的灯关掉，将手电筒的光束照射到柚子上。

柚子的背面是黑的。

欧斯卡博士：

地球是个不透明的椭圆体，就像柚子一样，而太阳的位置相对固定，就像手电筒一样。地球在一天24小时内会自转一周，在自转过程中，太阳照射到地球的那一面比较亮，就是白天；而背对太阳的那一面则漆黑一片，也就是黑夜。

实验步骤三 缓慢地转动柚子，你会看到和地球自转产生的昼夜交替一样的效果。

44. 水滴魔术

柯南站长：小猫在给大熊表演魔术，不接触硬币就能让它掉落瓶中，快去看看吧。

不接触它们让硬币下落。

大熊，给你表演个魔术。

这个我真做不到！

实验步骤一 将一根火柴从中间折一下，形成一个尖角，将火柴放到一个玻璃瓶瓶口上，上面再放一枚直径小于瓶口内径的硬币。

实验步骤二 问问你的小伙伴能不能在不接触瓶子、火柴和硬币的情况下，让硬币掉落进瓶子里。如果不知道窍门的话，你的小伙伴应该做不到。

哇哦哦，真的掉进去了！

看我的！

欧斯卡博士：

这个魔术的原理就是木头遇水会膨胀，火柴棍断裂处膨胀后，角的两边慢慢舒展开，形成的角度变大了，火柴棍不再支撑硬币，硬币自然就落进瓶子里了。

实验步骤三 这时，你在火柴断裂处滴上一两滴水，硬币一会儿就会掉进瓶子里。

044

43. 身体不同部位的敏感度

柯南站长：身体不同部位的敏感度是不同的，让我们一起来证明吧。

这次呢？

柯南，能猜到吗？

还是感觉不到！

感觉不出来啊！

实验步骤一 准备一个网球、一个柠檬、一个毛线团，蒙住小伙伴的眼睛，让他用手肘去感觉，他应该猜不出是什么。

实验步骤二 把这些东西放在脚下，赤脚去感觉，还是猜不到。

欧斯卡博士：

　　人的手指、嘴唇和脸上分布了最多的神经末梢，所以触觉最为敏感，而身体其他部位的触觉相对要差一些。

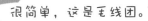

很简单，这是毛线团。

现在可以了吧？

实验步骤三 用手试试看，很轻易就能猜出是什么了。

46. 叠在一起的拳头

柯南站长：大熊是个大力士，但小猫仅仅用了两根手指头就把大熊叠在一起的拳头分开了，这是为什么呢？

> 大熊，来比比力气吧。

实验步骤一 让力气最大的小伙伴把双臂向前伸直，然后双手握拳，一个拳头叠在另一个拳头上面。

> 小猫，这次你肯定输！

> 我只用两根手指！

实验步骤二 把你的两根手指分别放在对方的手背上。

> 哈哈，大熊你又输了！

> 怎么回事呢？

欧斯卡博士：

为了使拳头保持在一起，大熊必须在垂直方向用力，而小猫的进攻是在左右方向两边发起的，大熊用到的力气几乎没有抵抗作用，所以肯定会输的。

实验步骤三 轻轻地用手指把对方的手背向两边一拨，对方的拳头就被轻而易举地分开了。

47.纸条的花衣裳

柯南站长： 用花瓣就可以给纸条穿上一件"花衣服"，神奇吧！

好漂亮的小花啊。

小猫，快来看。

实验步骤一 把花瓣放在碗里，用勺子碾碎，然后在碗中倒入少量的指甲油清洗液。

实验步骤二 把吸墨纸条的一端裹在筷子上，并用回形针固定住，然后把筷子横放在碗口上。让吸墨纸条的一端浸在碗中的液体里。

纸条变美啦。

欧斯卡博士：

花瓣上有各种颜色的色素，被指甲油清洗液分解成了许多成分。这些成分颜色不同，内部的化学结构也不同，所以会以不同的速度随着指甲油清洗液的挥发而向上爬，并附着在纸条上，于是就出现了色彩缤纷的纸条。

实验步骤三 把碗放到阳台上，让指甲油清洗液挥发出去。过一会儿，你会发现花瓣的颜色爬到了吸墨纸条上，就像给纸条穿了一件美丽的花衣服。

48. 自动举起的手臂

柯南站长：平常站立时，手臂应该是下垂的，但在这个实验中，大熊的手臂是可以自动举起的，是不是有点儿不可思议？

大熊，用力哦。

实验步骤一 站在门口，用你的手抵住门，用力压住门1分钟。

可以放松了！

实验步骤二 然后让自己放轻松。

大熊，你的手？

怎么了，抬起来了？

欧斯卡博士：

当你的手臂压在门上时，手臂肌肉处于紧绷的状态，当你离开大门时，虽然放松了，但手臂肌肉依然处在收缩状态，所以只要你不是有意识地控制手臂，它们就会自动举起来。

实验步骤三 此时你会不受控制地举起手臂。

49. 冷和暖的变化

柯南站长：张开嘴向手心吹气，气流是热的；噘起嘴向手心吹气，气流是凉的，为什么呢？

不要碰到嘴巴。

实验步骤一 张开手心朝向嘴巴，并保持一定距离。

嗯，是热风！

实验步骤二 张开嘴向手心吹气，感觉很温暖。

嗯，是凉风？

实验步骤三 再噘起嘴向手心吹气，感觉凉凉的。

欧斯卡博士：

这并不是因为你吹出的气体的温度不一样，而是当你张嘴吹气的时候，呼出的气体移动得很慢，热空气会慢慢接近你的皮肤，所以皮肤就会感觉到温暖；而噘嘴吹气时，热空气从较小的空间出来并流动较快，不但带走了原来皮肤前的空气，自身的热量也快速散发了，就形成了风扇的效果。

30. 变皱了的皮肤

柯南站长：手长期泡在水里，就会变得又白又皱，这是为什么呢?

海绵吸水性很强。

出现褶皱了！

实验步骤一 准备两块相同的海绵，在其中一块表面涂上凡士林油。

实验步骤二 向没有涂凡士林的海绵滴上一些水，海绵吸水的地方会膨胀，而没吸水的地方还是平的，所以表面产生了褶皱。

"还是很平滑！"

欧斯卡博士：

人体的表皮下有一层松散的结缔组织，当皮肤吸收水分后，结缔组织连结紧密的地方就不会膨胀，其他地方则相反，所以皮肤会产生褶皱。但人体的皮肤上有一层薄薄的油脂，可以阻挡空气中的水分，而手指和脚趾没有皮脂腺，无法挡住水分，所以更容易吸收水分而变皱。

实验步骤三 向涂过凡士林的海绵上滴上一些水，海绵表面的凡士林油阻挡了水分的吸收，所以依然很平整。

51. 植物也呼吸

柯南站长：植物是有生命的，那植物在什么样的环境下可以生长呢？做过这个实验你就知道了。

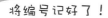
将编号记好了！

黄豆要先泡一天哦！

实验步骤一 准备三个广口瓶，逐一进行编号：1号瓶子里铺上纸巾，同时保持干燥；2号瓶子里加入半瓶水；3号瓶子里铺上一层纸巾，撒一点儿水使纸巾湿润。

实验步骤二 将泡好的黄豆分别放入3个瓶子里，用保鲜膜封口，放在阳光充足的地方。

欧斯卡博士：

种子发芽需要三个条件：空气、水和适宜的温度。实验中的三个瓶子都能晒到太阳，具备了适宜的温度，但是1号瓶内缺少水分，2号瓶内缺少空气，所以它们里面的黄豆不能发芽。只有3号瓶内具备了这三个条件，所以黄豆就能发芽了。

黄豆发芽了！

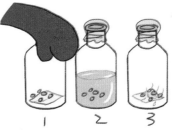

实验步骤三 几天后再观察，你会发现3号瓶里的黄豆发芽了，1号和2号瓶里的黄豆没有发芽。

52. 为什么咸菜不容易坏

柯南站长：在夏天，新鲜的蔬菜水果放一两天就会变质腐烂，但为什么咸菜放很久都不会腐烂呢？

我要做咸菜了！

要等3天呢！

实验步骤一 将一根黄瓜从中间切开，其中半根用勺子将中间掏空，在掏空的地方加入食盐。

实验步骤二 将加入食盐的黄瓜和另外半根各放在一个盘子里。

实验步骤三 3天后再观察，你会发现没有加盐的黄瓜已经腐烂了，而加盐的黄瓜里流出来很多水，但没有坏掉。

不加盐的已经坏了！

欧斯卡博士：

蔬菜水果变质腐烂的原因是由于微生物的生长繁殖。在高盐环境下，蔬菜中的水分会析出来，使微生物失去生长繁殖的环境，从而抑制微生物的生长，所以短时间内咸菜不会变质腐烂。

53. 不发芽的绿豆

柯南站长：绿豆是很容易发芽的，但为什么相同的绿豆在不同的环境下会有不同的结果呢？

我要种绿豆了！

你们要好好生长哦！

实验步骤一 在一个大盘子里铺一块脱脂棉，旁边放一块苹果切片，切面朝上。在脱脂棉上浇点儿水，然后撒一些绿豆在脱脂棉和苹果上。

实验步骤二 将大盘子上套一个透明的塑料袋，放在一个阳光充足的地方。

为什么苹果上的绿豆不发芽呢？

欧斯卡博士：

　　其实绿豆很容易生长，只要有空气、水分和阳光就会发芽。但苹果上的绿豆受到了果酸的影响，果酸会阻止种子发芽，所以苹果上的绿豆没有发芽。

实验步骤三 过几天再观察，脱脂棉上的绿豆已经发芽了，而苹果上的绿豆却没有发芽。

34. 穿过鸡蛋壳的根茎

柯南站长：用鸡蛋壳当花盆，种几颗太阳花种子，看看会发生什么。

我最喜欢种花了！

不要忘了浇水哦！

实验步骤一 在半个鸡蛋壳里加入一些泥土，将几颗浸泡了几天的太阳花种子种进去，浇上一些水。

实验步骤二 将鸡蛋壳放进一个玻璃杯里，再放在阳光充足的地方，每天都要浇水。

好厉害的太阳花啊！

实验步骤三 5天后，太阳花已经发芽了。将鸡蛋壳从玻璃杯里拿出来，你会发现鸡蛋壳的下面出现了几根细细的根茎。

欧斯卡博士：

只要有土壤、足够的水分和适宜的温度，种子就会发芽生长。由于植物根茎的生长具有向地性，所以太阳花的根茎会穿过薄薄的鸡蛋壳向下生长。

ss. 植物的蒸腾作用

柯南站长：植物不但给我们提供氧气，还会蒸发出水分，让我们来观察一下吧。

委屈你了哦！

实验步骤一 找一盆花，用塑料袋将一部分叶子罩住，用细线把袋口扎紧。

好好喝水吧！

实验步骤二 给花浇点儿水，然后放在阳光充足的地方。

小花，你流眼泪了吗？

欧斯卡博士：

小猫不要心疼那盆花了，那不是眼泪，是植物的蒸腾作用产生的水珠。植物在生长过程中，会通过叶子上的气孔，不断向外散发水分，这些水分以水蒸气的形式散出，但由于塑料袋的温度比较低，所以水蒸气就凝结成了一个个小水珠。

实验步骤三 过几小时再观察，你会发现塑料袋里挂满了水珠。

56. 蚂蚁军团

 柯南站长：小小的蚂蚁，没有电话，彼此间是如何快速传递消息的呢?

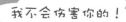 我不会伤害你的！

天阴了，快要下雨了！

实验步骤二 找一只蚂蚁，对着它轻轻吹气，这只蚂蚁会惊恐地四处逃窜。

实验步骤一 快要下雨的时候，找一个蚂蚁洞，你会看到很多蚂蚁在洞口进进出出。

其他蚂蚁怎么得到信息的?

 欧斯卡博士：

当大熊对着蚂蚁吹气的时候，蚂蚁触角上的嗅毛感受到了人体排出的二氧化碳，它感觉很危险。同时，这只蚂蚁会通过分泌信息素的方式将危险的信号传递给它的伙伴们，所以蚂蚁群就惊恐不安起来。

实验步骤三 接着观察，你会看到其他蚂蚁也开始惊恐不安、四处乱跑，不过很快蚂蚁就恢复了正常。

57. 模拟企鹅的"外衣"

柯南站长：同学们在动物园里见过企鹅吧，为什么企鹅没有厚厚的毛也能在寒冷的南极生活呢？

小猫帮帮忙！

实验步骤一　将一块黄油涂在右手手心上，要涂厚一点儿，然后在右手上套一个塑料袋。

欧斯卡博士：

　　这个实验模拟了企鹅不怕冷的原理。企鹅虽然没有厚厚的毛，但在其皮下有一层厚厚的脂肪。通过实验我们可以知道，脂肪御寒的效果也很好，所以企鹅可以在寒冷的南极自由自在地生活。

大熊，凉不凉？

实验步骤二　左手也套一个同样的塑料袋，然后在左右手上分别放一个冰块，两手将冰块握住。

右手不凉啊！

实验步骤三　一分钟后，你会感觉左手凉凉的，而右手基本感觉不到凉。

58. 上下生长的蔬菜盆栽

柯南站长：家里的盆栽一般都是绿萝、吊兰之类的，现在，你可以做一个蔬菜盆栽，而且会很漂亮的哦。

上面会长叶子？

实验步骤一 将一个红皮萝卜从中间切开，将长叶的半个萝卜用小刀挖空，做成一个萝卜碗。

最好用有须的洋葱！

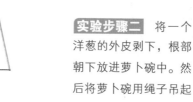

实验步骤二 将一个洋葱的外皮剥下，根部朝下放进萝卜碗中。然后将萝卜碗用绳子吊起来，并加入一些水。

实验步骤三 几天后，这个盆栽就会长出叶子来，而且上下都会长出叶子。

大熊快来看，好漂亮的盆栽！

欧斯卡博士：

萝卜的根和洋葱的叶片中都含有丰富的营养物质，这为它们以后的生长提供了必要的基础。再加上适宜的阳光和水分，它们就会生长得很好。同学们可以自己动手做盆栽了！

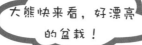

59. 汽水喷涌现象

柯南站长：在一瓶碳酸类饮料里放入两三颗泡腾片，汽水的泡沫马上就会喷涌而出。

会发生什么呢？

同学们尽量不要喝碳酸类饮料。

实验步骤一 将一瓶碳酸类饮料的瓶口打开，放在一个空盆里。

实验步骤二 向瓶子里放入两三颗泡腾片，等待观察。

大熊快来看，好壮观啊！

欧斯卡博士：

泡腾片中含有小苏打，也就是碳酸氢钠。碳酸氢钠溶于水时，就会产生二氧化碳，而碳酸类饮料里本来就含有二氧化碳，所以这两样物品产生的二氧化碳会一起涌出瓶口，就出现了"火山爆发"的情景。

实验步骤三 一开始，瓶口零星地冒泡泡，不一会儿，泡沫大量涌出，就像火山爆发一样。

60. 聪明的小金鱼

小鱼吃饭喽！

柯南站长：小金鱼很漂亮，其实也很聪明，让小猫和它们一起做个实验吧。

实验步骤一 准备一缸金鱼，每次喂食的时候都用一个蓝色的小碟子装鱼食。

小鱼别害怕哦！

实验步骤二 再拿一个红色的小碟子，放在鱼缸旁，同时用小木棍轻轻驱赶金鱼。

它们都知道了！

实验步骤三 重复上述步骤，接连几天后，只要你拿蓝色的小碟子接近鱼缸，金鱼们就会聚拢过来；拿红色的小碟子接近鱼缸，金鱼们就会四处逃窜。

欧斯卡博士：

动物虽然没有人类聪明，但却有基本的条件反射，而且金鱼能够辨别红色和蓝色。经过多次重复后，小金鱼已经知道遇到蓝色小碟子就会有吃的，遇到红色小碟子就会被驱赶，这就是最基本的条件反射。

61. 神奇的光合作用

柯南站长：你知道植物的光合作用会释放出什么吗？

蚱蜢是害虫！

让大罐子里的空气不和外界流动！

实验步骤一 将一只蚱蜢和一个小盆栽放在一个透明的大罐子里，将另一只蚱蜢单独放在一个大罐子里。

实验步骤二 将两个大罐子的盖子拧紧了，再在外面套一个塑料袋，用橡皮筋扎紧。

还是和植物在一起好啊！

欧斯卡博士：

在封闭的大罐子里，只存在一定量的氧气，只够蚱蜢生存一段时间，要想继续生存下去，就需要更多的氧气。而植物通过光合作用吸收二氧化碳并释放出氧气，蚱蜢就能够得到生存所需的氧气了。

实验步骤三 把两个大罐子放在日照充足的地方，几小时后再观察，你会发现单独在罐子里的蚱蜢已经死了，而和植物在一起的蚱蜢还活着。

62. 变软变胖的鸡蛋

好像在腌鸡蛋。

柯南站长：把一个普通的鸡蛋放入醋里浸泡，会发生什么呢？

等了天再看吧。

实验步骤一 将一个鸡蛋放入一个玻璃杯里，倒入一些醋，使醋刚好没过鸡蛋。

实验步骤二 仔细观察，鸡蛋会冒出一些小泡泡，放置3天后再观察。

鸡蛋变大啦！

实验步骤三 3天后，倒掉玻璃杯里的醋，你会发现鸡蛋的外壳不见了，只剩下一层软软的薄膜，而且鸡蛋比以前大了1.5倍左右。

欧斯卡博士：

鸡蛋壳的主要成分是碳酸钙，它会溶解于醋酸，产生二氧化碳，也就是我们看到的小泡泡。至于鸡蛋体积增大，是由渗透压造成的。当薄膜两边的物质浓度不一样时，水分就会向浓度高的一边流动，以维持薄膜两边的压强。由于蛋液浓度高，所以醋里的水分就会渗入到鸡蛋里，所以鸡蛋体积就增大了。

63. 叶子上的色块

柯南站长：你看到过一片叶子上有不同的色块吗？我们的实验可以做到哦。

多剪几个三角形！

实验步骤一 取一段不透明的胶带，剪出几个小的不同形状的胶带块。

这片叶子是向阳的！

实验步骤二 找一盆有叶子的植物，将胶带块粘在几片向阳的叶子上。

叶子上有色块！

实验步骤三 几天后，揭开胶带块，你会发现被胶带盖住的叶面部分变成了浅绿色。

欧斯卡博士：

植物要依靠阳光才能激活体内的活性物质合成叶绿素。当叶子上被胶带挡住的部分无法见到阳光时，合成作用不能进行，自然就无法产生叶绿素，所以这部分叶子的颜色就变浅了。

64. 现场看开花过程

柯南站长：你看到过花开的过程吗？让小猫给你演示一下吧。

牵牛花明天再开哦！

实验步骤一 晚上，将一朵含苞待放的牵牛花用黑纸袋套住，用绳子绑好袋口。

大熊，一起来等待开花！

实验步骤二 第二天清晨，你会发现其他的花朵都开放了，这时候把套花的黑纸袋揭下来。

哇哦哦，开花了！

实验步骤三 大约5分钟后，你就可以看到牵牛花绽放的过程了。

欧斯卡博士：

牵牛花一般在凌晨4点左右开放，当花朵被黑纸袋套住后，牵牛花体内的生物钟无法感知到阳光，所以会延迟到揭开纸袋后才会绽放。

65. 淹不死的蚱蜢

柯南站长： 有些动物的"鼻子"不是长在头上的，蚱蜢就是这样，让大熊来验证一下吧。

蚱蜢会吃庄稼的！

难道"鼻子"在尾巴上？

实验步骤一 戴上一次性手套，将一只蚱蜢的头浸泡在水里，几分钟之后你会发现蚱蜢毫无反应。

实验步骤二 再将蚱蜢的尾巴浸泡在水里，几分钟之后，你会发现蚱蜢还是毫无反应。

原来"鼻子"长在腹部啊！

欧斯卡博士：

蚱蜢呼吸的气孔生长在腹部两侧，所以只要不把蚱蜢的腹部浸泡在水里，它就不会被淹死。

实验步骤三 将蚱蜢的身体浸泡在水里，这时候蚱蜢开始挣扎，嘴里不停地吐泡泡。

66. 钓昆虫

柯南站长：钓鱼需要鱼饵，那么吸引昆虫需要什么呢？和大熊一起做这个实验吧。

钓昆虫去啦！

实验步骤二 在树林或者花园里找一块土地，先挖五个和塑料杯相同高度的小洞，再将五个塑料杯放进去。用一根木棍支起一块木板，以防塑料杯进水。

小虫子们快来吃饭吧！

实验步骤一 准备五个相同的小塑料杯，在里面分别放入小块的奶酪、苹果、方糖、香肠、黄油。

欧斯卡博士：

塑料杯里诱饵的气味会吸引花园里很多的无脊椎动物，主要是一些昆虫和蜘蛛。同学们，你们能认出几种呢？

小猫你看，好多昆虫啊！

实验步骤三 几天后再观察，你会发现塑料杯里出现了很多小昆虫。它们进入杯子觅食，但由于塑料杯内壁太光滑，它们无法再爬出来了。

67. 迅速繁殖的果蝇

柯南站长：只需要几块香蕉，你就可以看到果蝇那惊人的繁殖速度了。

这个实验要在户外做！

实验步骤一 将几块香蕉放进一个小瓶子里，把瓶子放到户外有阳光的地方。

里面好像已经有果蝇了！

实验步骤二 3天后将瓶口用纸巾盖住，用橡皮筋绑紧。

好多的小果蝇！

实验步骤三 再过一个星期观察，你会发现瓶子里有一大群嗡嗡飞动的果蝇。

欧斯卡博士：

当瓶子被敞口放置时，香蕉的气味吸引了果蝇，果蝇会在瓶内产卵。它们的繁殖速度十分快，一般几天后幼虫就会长到1~6毫米。之后，果蝇幼虫经过变态发育变成成虫，你就会看到一群飞动的果蝇了。

68. 撑破石膏的玉米粒

柯南站长：别小看小小的玉米粒，喝了水之后的它们会拥有强大的力量，甚至可以撑破石膏的包围。

按照说明书做就可以！

是在种玉米吗？

实验步骤一 取一小桶石膏粉，加水搅拌成"石膏糊"。

实验步骤二 在石膏糊里多撒一些玉米粒，搅拌一下使玉米粒分布均匀，然后将石膏糊倒入一个塑料杯里。

"塑料杯有裂缝了！"

欧斯卡博士：

　　植物的种子都有吸水性，玉米粒吸入石膏糊中的水后，体积会增大，从而使石膏体积增大，所以就将塑料杯撑破了。

实验步骤三 第二天再观察，你会发现塑料杯出现了裂缝，再过一段时间，塑料杯被完全撑破。

69. 会拐弯的西红柿枝

柯南站长：动物会辨别方向，其实植物也会，让西红柿幼苗来给你演示一下吧。

也可以用其他植物的幼苗

实验步骤一 将两株西红柿幼苗种植在花盆里，找一个阳光充足的地方，将其中一盆侧放在地面上。

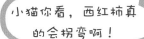

小猫你看，西红柿真的会拐弯啊！

实验步骤二 在地面上竖起两块砖头，将另一盆西红柿幼苗倒立，搭在两块砖头上。

西红柿倒立着生长？

欧斯卡博士：

植物的生长有这样的规律：植物的根总是朝着地心的方向生长，植物的枝总是朝着地心相反的方向生长。这是植物细胞中造粉体在重力的影响下，维持的一种生理特性，所以西红柿枝不管怎样放，还是会向着天空的方向生长的。

实验步骤三 定期给西红柿苗浇水，过段时间你会发现，西红柿幼苗的枝叶拐个弯，还是会朝着天空的方向生长。

70. 苹果洗洁精

柯南站长：苹果也可以当洗洁精，而且效果还不错呢。

小心不要切到手！

欧斯卡博士：

　　苹果中含有大量的果酸，用苹果片擦拭带油污的盘子，果酸会与油脂发生化学反应，生成可溶于水的物质，所以盘子就像被洗洁精洗过一样干净了。

实验步骤一 将苹果切成薄片。

真的干净了！

好多油啊！

实验步骤二 用切好的苹果片去擦拭带油的盘子，尽量让苹果与盘子表面充分接触。

实验步骤三 用清水冲洗擦拭过的盘子，盘子就像用洗洁精洗过一样干净了。

71. 喝水就变色的花瓣

柯南站长：本来是白色的花瓣，只要加一点儿颜料，花朵就会变成你喜欢的颜色哦。

好漂亮的石竹！

欧斯卡博士：

植物会通过它们的根茎将水分和营养物质传递到花朵和叶片里。蓝色的颜料渗入了植物的茎，之后又通过细小的导管慢慢地进入到植物的叶片和花朵里，所以花朵就会被染上颜色了。

实验步骤一 将两朵白色的石竹花分别插在两个有水的瓶子里。

真的变色啦！

花朵会变色吗？

实验步骤二 在其中一个瓶子里加一些蓝色的颜料，瓶子里的水变成蓝色了。

实验步骤三 过一段时间再观察，插在蓝色水里的石竹的叶片和花瓣都变成了浅蓝色，而另一朵花毫无变化。

72. 枯萎的花朵

柯南站长：花朵只要插在盐水里就会枯萎，这是怎么回事呢？

把花养起来！

实验步骤一 将两个果酱瓶子里装满水，把两朵同样的鲜花插进去。

欧斯卡博士：

花朵通过根茎吸水之后，花朵的细胞就会充满水分。由于植物细胞的盐分浓度低于食盐溶液，根据渗透原理，水往浓度高的地方走，所以植物细胞会失去水分。再加上植物自身的蒸腾作用，所以在盐水里的花很快就会因缺水而干枯了。

为什么会这样呢？

站长，我不想让花枯萎！

实验步骤二 在其中一个瓶子里加入大量的食盐，直到瓶底堆积起1厘米厚的食盐。

实验步骤三 2天后再观察，插在盐水里的花已经枯萎了，而另一朵花却开得很鲜艳。

73. 土豆长出不一样的芽

柯南站长：同样的土豆，为什么会长出不一样的芽呢？

泡泡土豆吧！

实验步骤一 将两个土豆在水里浸泡几个小时，然后各放在一个盘子里。在土豆下各放一张纸巾，在纸巾上喷一些水。

等着发芽吧！

实验步骤二 将其中一个盘子放在阳光充足的阳台上，另一个放在阴暗的地方。

长了芽的土豆不能吃！

欧斯卡博士：

放在阴暗处的土豆为了尽快获得阳光，所以芽长得又细又长，但由于无法产生叶绿素，所以就是白色的。而阳光下的土豆幼芽会由叶绿素通过光合作用获得生长发育的养分，所以幼芽长得壮。

实验步骤三 2天后再观察，土豆发芽了，在阴暗处的土豆长出了又细又长的白色幼芽，在阳光下的土豆长出了又粗又短的绿色幼芽。

74. 蝌蚪变青蛙

柯南站长：同学们看过《小蝌蚪找妈妈》的故事吧，现在我们就来观察蝌蚪变青蛙的过程。

蝌蚪长出四肢了！

旅游的收获是蝌蚪！

实验步骤一 将一只蝌蚪放在一个大玻璃瓶里，里面装满河水，最好再放一些泥沙和水草。

实验步骤二 过一段时间观察，你会发现小蝌蚪长出了四肢，而且个头长大了一些。

真的变成青蛙了！

实验步骤三 再过一段时间，你会发现瓶子里的蝌蚪变成了一只小青蛙。

欧斯卡博士：

在动物界，有些动物生下来的时候与父母完全不一样，青蛙就是这样的。青蛙在水里产下蛙卵，蛙卵会变成小蝌蚪。通过不断地发育，小蝌蚪会长出四肢，褪去尾巴，最终变成青蛙。

75. 溶解速度锦标赛

柯南站长：三块同样的方糖，在水中的位置不
同，溶解的速度也不同。

最好用有刻度的杯子。

哪个会最先溶化呢？

实验步骤一　在三个同样的玻璃杯中分别倒入等量的水，将三个杯子分别标号。

实验步骤二　将棉线用针穿过三块大小相同的方糖，并在一头系一个结，然后将三块方糖分别放在1号杯子的水面处、2号杯子的中间和3号杯子的底部，观察方糖的溶解速度。

欧斯卡博士：

　　水的对流是影响方糖溶解速度的关键因素之一。3号杯里的方糖溶解后，糖溶液会沉在杯底，很快形成局部饱和，方糖会停止溶解；1号杯的方糖溶解后，浓的糖溶液会下沉，而四周的水会补上来，就形成了对流，所以方糖溶解得最快。

1号杯子赢了！

实验步骤三　你会发现，1号杯子里的方糖溶解得最快，3号杯子里的方糖溶解得最慢。

76. 落汤鸡和落汤鸭

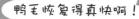

柯南站长：淋了雨的人通常被说成"落汤鸡"，那为什么不说他们是"落汤鸭"呢?

鸭毛要比鸡毛长一点儿！

鸭毛恢复得真快啊！

实验步骤一 将一根鸡毛和一根鸭毛同时放在水里浸泡1分钟。

实验步骤二 将两根毛拿出来，你会发现鸡毛被水浸透打绺了，而鸭毛上只粘了几滴小水珠，抖一抖，马上恢复了原样。

鸡毛变鸭毛了?

欧斯卡博士：

就像实验中证明的一样，在水中活动的鸭子的羽毛上有一层油脂，所以不会被水打湿。在鸭子的尾部有分泌油脂的腺体，叫做尾脂腺，能够为鸭子的羽毛不断地提供油脂。

实验步骤三 再取一根鸡毛，涂上凡士林油，浸入水中后拿出来，效果和鸭毛一样。

77. 蚱蜢的眼睛

柯南站长：蚱蜢两只眼睛中间有3个小小的隆起，你知道那是什么吗？

戴上一次性手套！

实验步骤一 捉一只蚱蜢，用黑胶带将它两只鼓鼓的眼睛贴住，放进一个黑黑的鞋盒里。在鞋盒的一侧下方开一个小洞，洞口足够蚱蜢通过。

欧斯卡博士：

昆虫的视觉器官分为单眼和复眼，蚱蜢两只鼓鼓的眼睛就是复眼。复眼不仅能感受光，还可以成像，帮助昆虫识别物体的形象。而蚱蜢两眼之间的3个小小的隆起处就是单眼，它们只能感受到光线，无法成像。因此，蚱蜢虽被遮住了双眼，但仍可以根据光源从洞里爬出来。

蚱蜢找不到路了！

它竟然找到出路了！

实验步骤二 不一会儿你会看到，蚱蜢从小洞里爬出来了。

实验步骤三 再剪一块狭长的黑胶带，将蚱蜢两眼之间的三个小小的隆起处也贴住，放入鞋盒里。你会发现蚱蜢没有爬出来。

78. 油水混合

柯南站长：大家都知道油和水是不能混合在一起的，下面我就让大家看一个神奇的现象。

不能混合吧。

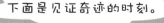

下面是见证奇迹的时刻。

实验步骤一 向一个透明的小玻璃瓶中注入半瓶清水，再倒进一些植物油。用手摇晃玻璃瓶，强迫油和水混合。静置一会儿，油和水还是分成了上下两层。

实验步骤二 这时再往小玻璃瓶里加一点儿洗涤剂或洗衣粉。

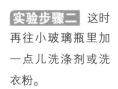

成功啦。

欧斯卡博士：

原来洗涤剂有个特殊性质，能把一个个油滴包围起来，均匀地分散在水中，这种作用叫乳化作用。洗衣粉能去除衣服上的油污，洗涤剂能清洗油泥，就是因为它们跟油和水的关系都不错，能把油污从衣服上"拉"到水中。

实验步骤三 充分摇晃瓶子，再观察，就会看到油和水不再分为两层，而是混合在一起了。

79. 催熟香蕉

柯南站长：如果你买到的是青色的香蕉，没有关系，让小猫教你催熟香蕉。

青香蕉还是生的呢！

这样就能熟了吗？

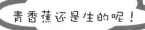

实验步骤一 把买回来的青香蕉剥开一根，尝一下，感觉涩涩的。

实验步骤二 将两根青香蕉放在一个纸袋里，然后用细线把纸袋口扎紧，另外两根并排摆在桌子上。

纸袋里的香蕉熟了！

欧斯卡博士：

　　香蕉自身会产生乙烯，而乙烯可以催熟水果。袋子里的香蕉产生的乙烯不容易散发，所以袋子里的香蕉变熟得更快。

实验步骤三 3天以后，你会发现纸袋里的香蕉已经变成黄色的了，而外面的香蕉还是青色的。

80. 挑西瓜的技术

柯南站长：西瓜从外面看都差不多，怎么才能知道哪一个是熟的呢？

叔叔说有一个是生瓜！

实验步骤一 买两个麒麟瓜，让摊主挑一个熟的一个生的，然后将两个瓜分别放在两个装满水的大盆里。

熟的是哪个呢？

实验步骤二 在水中，一个瓜浮得高一些，另一个沉得低一些。

熟西瓜会轻一些！

欧斯卡博士：

西瓜成熟度不一样，密度就不一样。西瓜长到一定程度的时候，其体积就不会增加了，但体内的大部分物质会持续转化分解成糖分，所以重量就会越来越小，浮在水里时就高一些。

实验步骤三 切开麒麟瓜，原来水中浮得高的就是熟的，而另一个是生的。

81. 找到阳光的土豆

柯南站长：在黑暗中生长的土豆芽会冲破重重阻碍，找到光明吗？

土豆芽又细又长。

实验步骤一 把一块在阴暗处发芽的土豆种在有潮湿泥土的花盆中。

就像迷宫一样。

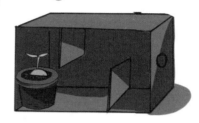

实验步骤二 将花盆放入一个鞋盒的一角，然后在鞋盒的另一端剪一个圆孔。鞋盒里面再贴两道隔墙，各留下一个小空隙。

土豆芽找到出口了！

实验步骤三 把鞋盒盖上，圆孔对准光照充足的地方。几周以后，土豆芽就会穿过这座黑暗的迷宫找到有光线的出口。

欧斯卡博士：

植物均有对光线敏感的细胞，它们指挥着植物的生长方向。即使进入鞋盒的光线十分微弱，土豆芽也能弯弯曲曲地朝着有光的方向生长。因为土豆在黑暗中无法制造对其生长极其重要的叶绿素，所以芽的颜色是苍白的。

82. 萝卜喝水

柯南站长：只要是植物就能吸水，萝卜也不例外，但是什么水才能够让它们变软呢？

一碗盐水，一碗清水。

萝卜喝水吧。

实验步骤一 准备两碗清水，往其中一碗里加一匙食盐，搅拌均匀。

实验步骤二 把萝卜切成条，每碗水中分别放三四条。

喝盐水的萝卜软了！

欧斯卡博士：

萝卜的细胞外面有细胞膜，它能让水分进出细胞。当细胞外液体的盐分浓度高于细胞内时，细胞中的水分会向外流出，因此泡在盐水里的萝卜失去水分而变软。相反的，在清水里的萝卜细胞会吸收水分，也就变得更硬实了。

实验步骤三 2小时后，取出萝卜条，用手按按泡过的萝卜条，放在清水里的是硬的，放在盐水里的则是软软的。

83. 水培植物

柯南站长：洋葱的鳞茎、胡萝卜的肉质根、慈姑的球茎等可以进行无土的水中栽培。

洋葱也可以长出叶子吗？

实验步骤一 选择外形美观、大小适中的新鲜洋葱，洗干净之后用两根细木棍或竹签呈十字状穿过洋葱并架在杯口上。

要让它的根喝到水。

实验步骤二 再倒入清水，使它的小部分茎能浸在水中。把杯子移到阳台上。

有叶子的洋葱头！

实验步骤三 数天以后，洋葱便长出了长长的根和嫩绿的叶。

欧斯卡博士：

水培是一种新型的植物无土栽培方式，其核心是将植物根茎固定，使根系自然垂入水或植物营养液中。这种营养液能代替自然土壤向植物体提供水分、养分等生长因子，使植物能够正常生长并完成整个生命周期。

84. 吸收水分的根茎

柯南站长：植物会吸水，但是它们靠哪个部位来吸水呢?

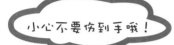

小心不要伤到手哦!

实验步骤一 选取一根胡萝卜，将其洗干净，用刀在上端挖一个2~3厘米深的小窟窿。用水把小窟窿洗干净，并清除干净窟窿里的碎块。

操作要细致一点儿。

实验步骤二 在小窟窿中灌入由水和糖混合成的糖水，在糖水中滴入一点儿墨水，使水染上红色或蓝色。用泡沫块把小窟窿塞紧，再向泡沫块里插入一根透明的吸管。用刀削掉胡萝卜根的下端，使水更容易被吸收。

欧斯卡博士:

　　这个实验足以证明植物的根是会吸收水分的。植物通过根来吸收土壤中的水分，又通过根压将水分运送到植物的各个部分。实验中的糖水洞里水的浓度高，根吸收的水分会运送到洞表面的细胞中，并逐渐渗出，以维持糖水洞细胞内外水的浓度平衡。

有水渗出了!

实验步骤三 把胡萝卜放到盛水的玻璃杯里，静置几小时，你就可以看到有液汁沿着吸管渗出了。

85. 不向下生长的根

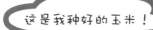

这是我种好的玉米！

柯南站长：前面我们说过植物的根茎都是向下生长的，但为什么这个实验中的根茎不向下生长呢？

实验步骤一 将玉米种子放在湿沙土层上，保持适宜的温度和湿润的条件。待种子长出1~2厘米的根时，选出两株。

切了根会长大吗？

实验步骤二 将它们的根沿水平方向放置，并把其中一株玉米根的尖端切去。

欧斯卡博士：

　　植物的根有向重力性，就是说它能"感觉"到重力，所以水平放置的根会自动向下弯曲。感受和控制根的这种特性的"司令部"在根冠，是根冠根据重力的方向变化而分泌生长素来控制根的弯曲方向的。因此，根冠一旦被切除，根就不会再向下弯曲生长了。

没有向下生长啊！

实验步骤三 几天后你会发现，没有切除根尖的根自动向下弯曲生长，而切去根尖的根似乎迷失了方向，径直沿水平方向生长。

86. 自制嫁接植物

柯南站长：嫁接技术是现代农业学科的重要技术之一，现在我们就来自己尝试一下吧。

消了毒的小刀不会弄脏植物！

实验步骤一 用酒精将小刀消毒，切取一支生长健壮的蟹爪兰，作为接穗。

快做好了吗？

实验步骤二 取一株高20厘米左右且比较厚的仙人掌，用消过毒的小刀在上端割一个切口，其宽度略大于蟹爪兰，深1.5厘米左右。

嫁接成功啦！

实验步骤三 把蟹爪兰的下端两面各斜削一刀，削面不要超过1厘米，成为一个楔子形，然后立即插入仙人掌的切口。

欧斯卡博士：

小猫做得很好！仙人掌是肉质茎，含有大量水分和养分，能满足嫁接在上面的蟹爪兰的生长需求。蟹爪兰嫁接好以后，不能拿到阳光下，要先放到半阴处。10天左右接口就能长好，植株也就成活了。如果多嫁接几支蟹爪兰会更漂亮。

87. 生土豆和熟土豆

柯南站长：生土豆和煮熟了的土豆有什么区别吗？其实，煮熟了的土豆可以说是已经失去了生命力的土豆。

煮土豆吃喽！

把白糖藏起来？

实验步骤一 拿两个大土豆，把其中一个放在水里煮几分钟。

实验步骤二 然后把两个土豆的顶部和底部都削去一片，在顶部中间各挖一个洞，在每个洞里放进一些白糖，然后把它们直立在有水的盘子里。

欧斯卡博士：

生土豆的细胞是活的，它好像一个孔道，能够使水分子通过，于是盘子里的水经过土豆的细胞渗入洞中。而煮过的土豆的细胞已被破坏，所以就没有渗透功能。

煮过的土豆不吸水！

实验步骤三 经过几小时以后，生土豆的洞里充满了水，而煮过的土豆的洞里仍然是白糖颗粒。

88. 植物是怎么呼吸的

柯南站长：植物是可以呼吸的，但通过什么呼吸呢？

要涂抹均匀哦！

好多的叶子啊！

实验步骤一 找一盆有10片以上叶子的植物，在3～5片叶子的正面（或朝阳的一面）涂一层厚厚的凡士林。

实验步骤二 在另外3～5片叶子的背面涂一层厚厚的凡士林。

这是为什么呢？

实验步骤三 在10天中，每天观察叶子有什么变化。正面涂凡士林的叶子没有什么变化，但背面涂凡士林的叶子蔫了。

欧斯卡博士：

　　在植物的叶子表面，有叫作"气孔"的呼吸通道。一般的陆生植物的气孔多位于叶子的下表皮。正如我们用鼻子和嘴呼吸一样，植物是通过气孔呼吸和代谢废物的。当凡士林堵住气孔时，植物体内代谢的废物与水蒸气就不能排出体外，导致代谢功能停滞，叶子就蔫蔫了。

89. 变色梨

柯南站长： 把一只梨切开，放在桌子上。几分钟后，梨就变颜色了。你知道这是为什么吗？

欧斯卡博士：

梨中含有酚和酶，被切开的梨和空气接触后，氧气会激活梨里面的酶，而酶会促使酚转化成醌，导致梨的颜色发生改变。而盐水可以阻止这种化学反应，所以盐水中的梨不会变色。

盐水搅拌均匀了！

实验步骤一 准备一个玻璃杯，加入一些清水，再加入一些盐，搅拌均匀后备用。

盐水中的梨没有变化！

会有不同吗？

实验步骤二 将一个梨切成两半，一半放入盐水中，另一半放在桌子上。

实验步骤三 10分钟后再观察，你会发现盐水中的梨没有变化，而桌子上的梨已经变色了。

90. 会喝水的豌豆

柯南站长：植物种子是怎样把水喝到肚子里的呢？让我们亲自观察一下吧。

豌豆喝水吧！

实验步骤一 让我们把几粒干豌豆放在小碟子里，再倒入一些水。

欧斯卡博士：

植物的种子之所以会"喝水"，是因为种子内部的大部分物质都呈凝胶状态，十分亲水。种子吸水之后会慢慢膨胀软化，使氧气更容易穿透种皮，进入种子内部，从而诱导发芽。

豌豆长皱纹了！

实验步骤二 过一会儿，你会观察到豌豆外皮出现了皱纹，然后皱纹不断扩散，豆粒也开始膨胀"发胖"。

豌豆要爆炸了！

实验步骤三 再过一段时间，到皱纹消失时，豌豆的外皮已被涨破，种子就要发芽了。

91. 橘子皮汁喷火

柯南站长：橘子酸酸甜甜很好吃，现在我们用橘子皮做一个有趣的实验。

同学们要多吃水果！

实验步骤一 剥开一个橘子，你可以将里面的果肉吃掉，留着橘子皮备用。

小猫不要怕黑哦！

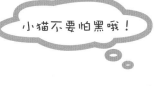

实验步骤二 将屋子里的灯关掉，点燃一支蜡烛，用手指捏住橘子皮两端，靠近蜡烛火焰，挤压橘子皮，让喷出的汁液喷向蜡烛火焰。

好漂亮的火花！

欧斯卡博士：

橘子皮里的液体含有丰富的脂类物质和矿物质，当液体与火焰接触的时候，脂类物质和矿物质会燃烧，同时发出爆裂声。火花是不是很漂亮呢？

实验步骤三 持续喷射橘子皮的汁液，你会听到爆裂声，还会看到火花。

92. 出汗的鸡蛋

柯南站长：鸡蛋有一层又厚又硬的壳，但为什么也会"出汗"呢？

难道要煮黄沙吗？

黄沙煮鸡蛋？

实验步骤一 在铁锅里倒入一些黄沙，然后将黄沙摊平。

实验步骤二 取几个生鸡蛋，将鸡蛋的一半埋在黄沙里，注意要让鸡蛋的大头朝下。

鸡蛋出汗了！

欧斯卡博士：

鸡蛋壳并不是完全封闭的。鸡蛋壳上大约分布了700多个小孔，这些小孔的作用是透气，以便在小鸡发育过程中提供必要的空气。所以在加热过程中，鸡蛋的蛋清中的一部分水分就会透过小孔被挤压到外部。

实验步骤三 打开燃气灶调至小火，过一会儿，鸡蛋壳表面就会有一滴一滴的小水珠渗出。

93. 聪明的蚂蚁

柯南站长：

白糖水和糖精水的味道差不多，蚂蚁却能分辨出来，它们是怎么做到的呢？

要做好记号哦！

实验步骤一 找两个杯子，分别制成白糖水和糖精水。尝一尝味道，两杯水都很甜，做好标记以防混乱。

这里的蚂蚁不少啊！

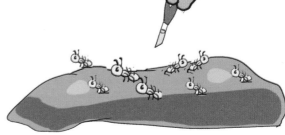

实验步骤二 在花园里找到一个蚂蚁出没的地方，相隔半米远分别滴一些白糖水和糖精水，然后静候观察。

蚂蚁比我还厉害！

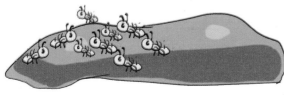

欧斯卡博士：

蚂蚁的嗅觉相对发达，其嗅觉感受器长在触角上，蚂蚁通过触角来分辨食物，所以它们能够快速找到最感兴趣的天然食物，而人工合成的食品却无法吸引蚂蚁。

实验步骤三 不一会儿，滴有白糖水的地方聚集了很多蚂蚁，而滴有糖精水的地方却没有蚂蚁光顾。

柯南站长：家里有些植物需要每天浇水，但如果有几天不在家，怎么办呢？

94. 持续浇水器

这么简单吗？

实验步骤一 找一个干净的玻璃瓶，在里面注满水。

水不会流出的！

实验步骤二 将玻璃瓶口捂住，快速翻过来，将瓶口插入喜水植物的泥土中。

这盆花没有缺水！

欧斯卡博士：

瓶子里的水流入土中，当周围的土壤潮湿时，空气无法进到瓶中，就会形成密封状态，瓶子里的水就不会再流出了。植物吸收一部分水，以及自然蒸发一部分水后，土壤不再潮湿，瓶子里自然会再流出水来。所以，花盆里的土壤能够保持很久的潮湿状态，从而保证植物不缺水。

实验步骤三 过几天再看，瓶子里的水减少了，而且花开得也很茂盛。

95. 撑破肚皮的樱桃

柯南站长：是什么让樱桃把肚皮撑破了呢？快来看看吧。

酸酸甜甜的樱桃。

实验步骤一 买一些新鲜的樱桃，挑几颗洗干净。

樱桃含有大量的维生素！

实验步骤二 将这几颗樱桃放入一个加满水的杯子里。

欧斯卡博士：

　　樱桃表皮有细微的孔，泡在水里后，由于樱桃里含有很高的糖分，所以它体内的浓度要高于水，这导致樱桃不断接收水分使内部压力增大，最后就把果皮撑破了。

樱桃撑破肚皮了！

实验步骤三 一天后再观察，樱桃的表皮已经破裂了。

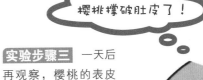

96. 拥有不定根的植物

柯南站长：有的植物会在茎叶上长出根来，叫做不定根，让我们通过下面的实验说明一下吧。

对不起，为了做实验才伤害你的！

我要养着你！

实验步骤一 春夏季节，在户外找一棵柳树，剪取一条柳枝。

实验步骤二 将这条柳枝放入一个长颈玻璃瓶里，加入一些水，并且要经常给它换水。

柳枝生根了！

欧斯卡博士：

这就是我们经常说的"落地生根"和"无心插柳柳成荫"。在大自然里，很多植物都有生长不定根的能力，只要枝叶能够接触到水分和土壤，就能再次生出根，长出更多的同类植物。

实验步骤三 过一段时间，你会发现柳树枝的底部长出了根须，如果把它种植到土壤中，就可以长成一棵柳树了。

97. 仙人掌为什么长的是"刺"

柯南站长： 别的植物都长叶，为什么仙人掌长的是刺呢？

还是月季花好看！

不要被扎到手哦！

实验步骤一 将一盆仙人掌和一盆月季花分别浇足水。

实验步骤二 用塑料袋分别将仙人掌和月季花的植株套住，再用橡皮筋将袋口扎紧，并将两盆花放在太阳光下。

仙人掌不蒸发水吗？

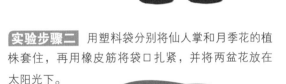

欧斯卡博士：

之所以有小水珠，是因为植物叶子具有能够挥发水分的蒸腾作用。仙人掌之所以长刺是因为这样就可以减少蒸腾面积，使耗水量减少，更加耐旱。因此，仙人掌可以生长在沙漠等缺水的地方。

实验步骤三 几小时后再观察：套在月季花上的塑料袋里沾了很多的小水珠，而套在仙人掌上的塑料袋上基本没有明显的水珠。

98.红萝卜变蓝萝卜

柯南站长：怎样将红萝卜变成蓝萝卜？不准用颜料哦，看看小猫是怎么做的吧。

大熊过来，一起等等看！

制作小苏打水！

实验步骤一 在玻璃杯内倒入半杯水，然后加入一些小苏打，搅拌溶解后制成了小苏打水。

实验步骤二 把红萝卜放入小苏打水中浸泡。

红萝卜变成蓝色的啦！

实验步骤三 3分钟后，将萝卜拿出来，你会发现红萝卜变成了蓝萝卜。

欧斯卡博士：

红萝卜皮中含有红色的植物色素，这种色素遇碱后会变成蓝色。而小苏打的主要成分是碳酸氢钠，溶于水后会呈弱碱性液体，所以红萝卜自然就会变成蓝色了。

99. 不同的真菌喜欢吃什么

柯南站长：真菌的种类很多，下面我们来制作一些不同种类的真菌。

同学们要注意卫生哦！

实验步骤一 戴上一次性手套，将三个同样的玻璃瓶用开水烫一下，分别放入一个土豆切片。

每个瓶子做好标记！

实验步骤二 在第一个瓶子里撒一些土；在第二个瓶子里撒一些面包渣；在第三个瓶子里放几根头发。然后，用黑纸将玻璃瓶包起来，放在一个有阳光的地方。

好像看起来都一样啊？

欧斯卡博士：

答案是：第一个瓶子里的真菌喜欢以淀粉为食；第二个瓶子里的真菌喜欢以淀粉和糖分为食；第三个瓶子里的真菌喜欢以淀粉和蛋白质为食。

实验步骤三 几天后将黑纸撕下，你会发现三个瓶子里的土豆上都长满了真菌，这些真菌有什么不同吗？

100. 喂养蚯蚓行动

柯南站长：你知道怎样在家里养蚯蚓吗？一起来试试吧。

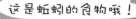
这是蚯蚓的食物哦！

一层层制作时要有耐心哦！

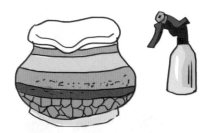

实验步骤二 将植物叶子剪碎，连同一些稻草放入鱼缸内，喷上一些水，然后放入几条蚯蚓。

实验步骤一 在一个鱼缸里从下到上依次放入2.5厘米厚的石子、1厘米厚的盆栽土、2.5厘米厚的沙子、2.5厘米厚的混合肥料、1厘米厚的沙子。注意每放一层东西前都要先喷些水。

把蚯蚓当宠物养。

欧斯卡博士：

为什么蚯蚓的存在会使土壤的肥力增加呢？原来蚯蚓吃进了有微生物的土壤和有机物后，分解成含有高氮、磷、钾等成分的蚯粪排出体外，中和土壤酸碱度，促进土壤腐殖质，从而增强土壤的肥力。

实验步骤三 找一张黑色的纸盖住鱼缸口，用胶带固定。在黑纸上扎一些透气小孔，每天打开黑纸喷一些水，同时观察蚯蚓的活动。